U0154922

职业教育美发专业 系\列\教\材

图文视听一体 岗课赛证融通 校企合作共建

头发的简单
吹风
与
造型

何先泽 主编

西南大学出版社

国家一级出版社 全国百佳图书出版单位

图书在版编目（CIP）数据

头发的简单吹风与造型 / 何先泽主编 . -- 重庆：
西南大学出版社, 2023.8
ISBN 978-7-5697-1400-5

Ⅰ.①头… Ⅱ.①何… Ⅲ.①理发－造型设计 Ⅳ.
①TS974.22

中国版本图书馆 CIP 数据核字(2022)第 222592 号

头发的简单吹风与造型

TOUFA DE JIANDAN CHUIFENG YU ZAOXING

何先泽 主编

总 策 划 | 杨　毅　杨景罡
执行策划 | 钟小族　路兰香
责任编辑 | 路兰香
责任校对 | 张燕妮
整体设计 | 魏显锋
排　　版 | 李　燕
出版发行 | 西南大学出版社
　　　　　重庆•北碚　邮编：400715
印　　刷 | 重庆康豪彩印有限公司
幅面尺寸 | 185mm×260mm
印　　张 | 7.75
字　　数 | 152千字
版　　次 | 2023 年 11 月　第 1 版
印　　次 | 2023 年 11 月　第 1 次
书　　号 | ISBN 978-7-5697-1400-5
定　　价 | 49.90 元

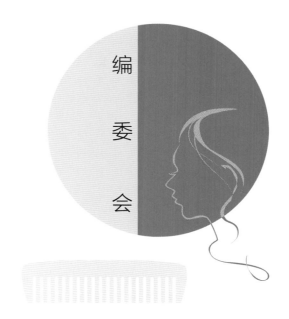

编委会

教学参考资源

序言

美发是极具生命力和青春气息的现代服务业之一,因其为广大民众日常生活所需,逐渐成为新兴服务业中的优势行业。千姿百态的发型,或体现优雅高贵,或体现干练率性,美发师要创作出不同的发型,既要有丰富的想象力,也要掌握发式设计与造型的基本原理,具备扎实的操作技能。

在我国,职业学校(含技工学校)是培养美发专业人才的主要场所,国家专门制定了美发师国家职业技能标准,规范人才培养模式,提升人才专业技能。行业性的、国家性的、国际性的美发专业技能大赛开展得热火朝天,比赛中人才辈出。为更好推进美发行业高质量发展,大力提高美发从业人员的学历层次,培养具有良好职业道德和较强操作技能的高素质专业人才成为当务之急。有鉴于此,我们依据美发师国家职业技能标准,结合职业教育学生的学习特点,融合市场应用和各级技能大赛的标准编写了该套"职业教育美发专业系列教材"。

"职业教育美发专业系列教材"共6本,涉及职业教育美发专业基础课程和核心课程。《生活烫发》为烫发的基础教材,共5个模块18个任务,既介绍了烫发的发展历史、烫发工具、烫发产品的类别及使用等基础知识,又介绍了锡纸烫、纹理烫、螺旋卷烫等基本发型的操作要点。《头发的简单吹风与造型》是吹风造型的基础教材,由4个模块13个任务组成,依次介绍了吹风造型原理、吹风造型的必备工具和使用要点、吹风造型的手法和技巧以及内扣造型等5个典型女士头发吹风造型的关键操作步骤。《生活发式的编织造型》为头发编织造型的基础教材,共4个模块15个任务,除了介绍编织头发的主要工具和产品等基础知识,还介绍了二股辫、扭绳辫、蝴蝶辫等典型发型的编织方法。《商业烫发》《商业发型的修剪》《商业发式的辫盘造型》较前3本而言专业性更强,适合有一定专业基础的学生学习,可作为专业核心课程教材使用。

教材编写把握"提升技能,涵养素质"这一原则,采用"模块引领,任务驱动"的项目式体例,选取职业学校学生需要学习的典型发型和必须掌握的训练项目,还原实践场景,将团结协作精神、创新精神、工匠精神等核心素养融入其中。在每个模块

1

中,明确提出学习目标并配有"模块习题",让学生带着明确的目标进行学习,在学习之后进行复习巩固;在每个任务中,以"任务描述""任务准备""相关知识""任务实施""任务评价"的形式引导学生在实例分解操作过程中领悟和掌握相关技能、技巧,为学生顺利上岗和尽快适应岗位要求储备技能和素养。

教材由校企联合开发,作者不仅为教学能手,还具有丰富的比赛经验、教练经验。其中,三位主编曾先后获得"第43届世界技能大赛美发项目金牌""国务院特殊津贴专家""全国青年岗位技术能手""全国技术能手""中国美发大师""全国技工院校首届教师职业能力大赛服务类一等奖"等荣誉,被评为"重庆市特级教师""重庆市技教名师""重庆市技工院校学科带头人、优秀教师""重庆英才•青年拔尖人才""重庆英才•技术技能领军人才",受邀担任世界技能大赛美发项目中国国家队专家教练组组长、教练等。教材编写力求创新,努力打造自己的优势和特色:

1.注重实践能力培养。教材紧密结合岗位要求,将学生需要掌握的理论知识和操作技能通过案例的形式进行示范解读,注重培养学生的动手操作能力。

2.岗课赛证融通。教材充分融入岗位技能要求、技能大赛要求,以及职业技能等级要求,满足职业院校教学需求,为学生更好就业做好铺垫。

3.作者团队多元。编写团队由职业院校教学能手、行业专家、企业优秀技术人才组成,校企融合,充分发挥各自的优势,打造高质量教材。

4.视频资源丰富。根据内容不同,教材配有相应的微课视频,方便老师授课和学生自学。

5.图解操作,全彩色印制。将头发造型步骤分解,以精美图片配合文字的形式介绍发式造型的手法和技巧,生动地展示知识要点和操作细节,方便学生模仿和跟学。

本套教材的顺利出版得益于所有参编人员的辛劳付出和西南大学出版社的积极协调与沟通,在此向所有参与人员表达诚挚谢意。同时,教材编写难免有疏漏或不足之处,我们将在教材使用中进一步总结反思,不断修订完善,恳请各位读者不吝赐教。

C目录
CONTENTS

模块一　吹风造型基础知识

学习目标

知识目标

1.掌握吹风造型的基本原理。

2.认识不同类型的吹风造型。

3.熟悉吹风造型的工作流程。

技能目标

1.具有主动学习吹风造型基本原理的能力。

2.具有识别不同类型的吹风造型的能力。

3.具有将吹风造型基本理论运用于实践操作的能力。

素质目标

1.乐于学习、善于思考,掌握必备的吹风造型基础知识。

2.具有一定的审美素养,善于学习吹风造型新知识。

任务一　　认识吹风原理

任务描述

小齐是一位美发助理,由于才开始接触头发的吹风造型,所以对吹风机的构成、吹风机的工作原理、头发吹风造型原理等充满了好奇和困惑。他有强烈的学习愿望,希望通过学习增长知识、解除困惑、提升职业素养。

任务准备

1.查询图书、视频等,了解吹风机的构成。

2.查询图书、视频等,了解吹风机的工作原理。

3.查询图书、视频等,学习头发吹风造型的原理。

相关知识

一、吹风机的构造及其作用

1.壳体。它的主要作用是保护吹风机内部构件和装饰外观。

2.电动机和风叶。电动机安装在壳体内,是吹风机的核心工作部件;风叶多用金属制成,装在电动机的轴端上,电动机旋转的时候,空气从进风口进入,再经风叶由出风口吹出。

3.电热元件。电热元件是用电热丝绕制而成的,装在吹风机的出风口处,其作用主要是加热出风口处的风。有的吹风机在电热元件附近装上恒温器,当工作温度超过预定温度的时候会主动切断电路,起到保护吹风机的作用。

4.挡风板。有的吹风机在进风口处有挡风板,主要作用是调节进风量。

5.开关。吹风机一般有三个开关,其中一个为"停止"控制开关,一个为"热风"控制开关,一个为"冷风"控制开关。

二、吹风机的工作原理

吹风机的工作原理为:电动机驱动转子转动,转子带动风叶旋转,当风叶旋转时,空气经由进风口进入,在风筒内形成离心气流,然后由风筒出风口吹出。空气通过风筒时,若装在出风口附近的发热丝通电变热,则吹出的是热风;若发热丝不通电发热,则吹出的是冷风。在现实生活中,吹风机有多种用途,如吹干衣服、除尘、除霜等,但最主要的作用是吹干头发和美发造型。

三、头发的吹风造型原理

头发的氢键、盐键、氨基键和二硫化物键在遇到高温、化学药水等时结构会发生改变,美发师正是利用这一原理,在吹风时通过掌握热风的温度、强度并配合使用梳子等工具进行头发的造型。在对头发加热造型后,不断运用冷风定型可增强头发的弹性和质感。

知识链接

吹风机的发展

1890年,法国人亚历山大发明了世界上第一个吹风机,但由于体型较大,不方便移动,所以一直没有推广应用。直到20世纪60年代,基于马达和塑料构件的改进,吹风机才开始风行。

任务实施

通过对本节知识的学习,了解吹风机的构造以及工作原理,并熟悉头发吹风造型的原理。

任务评价

任务评价卡

	评价内容	分数	自评	他评	教师点评
1	能叙述吹风机的构造和作用	10			
2	熟练掌握吹风机的工作原理	10			
3	熟悉头发吹风造型的原理	10			
	综合评价				

任务二　认识不同种类的吹风发型

任务描述

　　小齐在熟悉了吹风机的构造、工作原理和头发吹风造型的原理后,就期盼着学习头发吹风造型的更多知识,比如,他想知道吹风发型的种类以及它们各自的特点等。本部分将介绍吹风发型的种类和特点。

任务准备

　　1.收集3~4张不同类型的吹风发型图片。
　　2.通过图书、网络资源等,了解吹风发型的类型。
　　3.通过图书、网络资源等,了解不同吹风发型的特征。

相关知识

认识不同种类的吹风发型

　　类型一:卷曲的发丝让头发整体显得蓬松,自然不做作的质感给人一种帅气、炫酷的形象,它已成为时尚发式中的一种重要类型。

图1-2-1　类型一

类型二:波浪般的发丝,蓬松的质感,塑造出一种自信不羁、阳光明媚的形象,更能体现女性不弱不屈、独立自信的风采。

图1-2-2　类型二

类型三:柔和的卷发堪称完美的造型,塑造出不一样的视觉体验;微微遮盖的脸颊,也会展现不一样的个性魅力。

图1-2-3　类型三

类型四:蓬松的发型,微卷的纹理,衬托出女性温婉安静的气质;层次分明又略显凌乱的发丝,给人一种娇美的感觉。

图1-2-4　类型四

类型五:发尾卷曲、凌乱,其余部分相对顺直,这样一动一静可彰显温婉、娴雅、知性之神韵。

图1-2-5　类型五

任务实施

通过对本节知识的学习,能分辨吹风发型的种类,并能根据顾客的发质、脸型、气质等设计不同的吹风发型。

任务评价

任务评价卡

	评价内容	分数	自评	他评	教师点评
1	熟悉吹风发型的种类	10			
2	能叙述不同吹风发型的特点	10			
3	能设计不同类型的吹风发型	10			
	综合评价				

模块习题

一、单项选择题

1.(　　)既保护吹风机内部构件,又可作为外部装饰件。

　　A.电动机　　　　　　　　B.风叶

　　B.电热元件　　　　　　　D.壳体

2.吹风机的(　　)是用电热丝绕制而成的,装在吹风机的出风口处,当电热丝加

　　热时,吹风机吹出的是热风。

　　A.电动机　　　　　　　　B.风叶

　　C.电热元件　　　　　　　D.壳体

3.吹风机(　　)一般用白色表示"停",红色表示"热风",蓝色表示"冷风"。

　　A.开关　　　　　　　　　B.壳体

　　C.挡风板　　　　　　　　D.风叶

4.(　　)年法国人亚历山大发明了世界上第一个吹风机,但由于体型较大,不方

　　便移动,所以一直没有推广使用。

　　A.2000　　　　　　　　　B.1980

　　C.1890　　　　　　　　　D.1996

二、判断题

1.吹风机直接靠电热元件驱动转子带动风叶旋转。(　　)

2.吹风造型一定是利用头发中的盐键受水和温度的影响而改变的原理,再借助

　　造型工具将头发打造至理想效果的。(　　)

3.到20世纪60年代,基于马达和塑料构件的改进,吹风机才开始风行。(　　)

4.空气通过吹风机风筒时,若发热丝已通电变热,则吹出的是热风;若发热丝没

　　发热,则吹出的是冷风。(　　)

三、综合运用题

1.简述吹风机的工作原理。

2.简述头发吹风造型的原理。

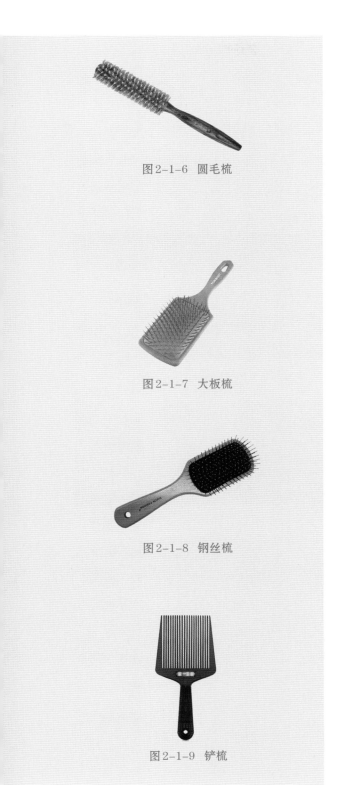

图2-1-6　圆毛梳

图2-1-7　大板梳

图2-1-8　钢丝梳

图2-1-9　铲梳

6.圆毛梳：与吹风机配合使用，可吹出大花卷、波浪卷、翻翘卷等造型，达到调整头发弯曲度、弹性的效果。

7.大板梳：在把头发吹直、吹顺、吹蓬松时常用。

8.钢丝梳：用于调整大花纹理，使其细腻；用于梳理用空心卷做的大波浪，使其更有光泽、弹性和凝结度。

9.铲梳：用于整理刘海或晚装发型的线条。

头发的简单**吹风**与造型

任务实施

1.熟悉头发吹风造型所需要的工具,叙述不同工具的用途。

2.通过图书、网络资源等了解吹风造型工具的卫生达标要求和保洁方法。

任务评价

任务评价卡

	评价内容	分数	自评	他评	教师点评
1	能叙述不同吹风造型工具的主要作用	10			
2	能叙述吹风造型工具卫生达标的要求	10			
3	能使用正确的方法对吹风造型工具进行保洁	10			
综合评价					

任务二 吹风工具的握法及站姿站位

任务描述

小美热爱美发这一行业,自成为美发师助理以来,每天都要求自己学习新知识,她了解了吹风工具的相关知识,学习了吹风原理。近期她看见美发师在为顾客打理头发时,不仅站姿站位不断变化,就连手握吹风机等工具的方法也有差异。她想弄清楚其中的原因并进行学习。

任务准备

1.准备吹风工具。
2.准备头模和支架。

相关知识

一、吹风机的握法

图2-2-1 正手握法一

图2-2-2 正手握法二

图 2-2-3　反手握法一　　　　　　图 2-2-4　反手握法二

二、吹风机送风距离、角度、位置及时间

1.距离

吹风造型时,吹风机与头发之间的距离太远,热风的热量会散发,头发不易成型;距离太近,热量过于集中,头皮难以忍受,也易损伤头发。因此,吹风距离必须恰当。

图 2-2-5　距离 1　　　　　　　图 2-2-6　距离 2

2.角度

　　吹风造型时,吹风机的出风口不能对着头皮直接送风,而是应随着发梳的移动
而移动,并根据所吹的位置不同,改变送风角度。

图2-2-7　角度1

图2-2-8　角度2

图2-2-9　角度3

3.位置

吹风造型时,送风的位置直接决定头发的蓬松度、弧度和发式的形状,因此,吹不同发型或吹不同位置的头发,吹风机的握法和送风位置也应有差异。

图2-2-10 位置1

图2-2-11 位置2

4.时间

吹风造型时,对头发持续吹多长时间的热风没有统一标准,但是如果时间太长,容易损伤发质;如果时间太短,则头发不易成形。因此,送风时长应因发质而异,以能吹出顾客满意的发式为准。

三、吹风时的站姿站位

在吹风造型过程中,美发师站立时要双腿张开与肩同宽,且一脚稍向前伸,手臂的位置不高于肩膀。同时美发师的站位应与顾客保持适当的距离。

图2-2-12 站姿站位

20

任务实施

　　正确使用吹风机,并掌握好吹风技巧与站姿站位,进行头发的吹风造型练习。

任务评价

任务评价卡

	评价内容	分数	自评	他评	教师点评
1	能掌握吹风机的正确握法	10			
2	能控制好吹风的距离、角度、时间及位置等	10			
3	能在站姿、站位正确的前提下进行吹风造型	10			
	综合评价				

模块习题

一、单项选择题

1. 美发师需要借助吹风工具完成对头发的吹风造型,吹风工具种类多样,了解这些工具的作用和使用方法能让美发师(　　　)。

　　A.动作更完美　　　　　　　　B.更快捷、高效、安全地为顾客提供服务

　　C.赚更多的钱　　　　　　　　D.看起来更专业

2. (　　　)一般为1200～1800瓦,在头发的吹风造型过程中使用,主要靠热风进行头发的造型。

　　A.有声吹风机　　　　　　　　B.无声吹风机

　　C.电卷棒　　　　　　　　　　D.九排梳

3. (　　　)在吹直、吹顺、吹蓬松头发时常用。

　　A.大板梳　　　　　　　　　　B.电卷棒

　　C.排骨梳　　　　　　　　　　D.铲梳

4. (　　　)可用于吹短发,也可用于吹一种粗犷的纹理。

　　A.铲梳　　　　　　　　　　　B.九排梳

　　C.排骨梳　　　　　　　　　　D.滚梳

5. 热风持续加热头发的时间要因发质而异,以(　　　)为准。

　　A.头发粗硬　　　　　　　　　B.长短

　　C.使用的工具　　　　　　　　D.能吹出顾客满意的发式

二、判断题

1. 九排梳用于把发卷吹直,吹出长直发的柔亮与弹性。(　　　)

2. 钢丝梳用于吹直、吹顺、吹蓬松头发。(　　　)

3. 圆毛梳用于调整大花,使纹理细腻。(　　　)

4. 铲梳用于整理刘海或晚装发型的线条。(　　　)

5.送风的位置直接影响头发的蓬松度、弧度和发式的形状。(　　)

三、综合运用题

1.简述吹风机送风距离对头发的影响。

2.简述吹风机送风时间对头发的影响。

3.简述美发师在吹风造型时的正确站姿站位。

模块三　吹风造型技巧的运用

学习目标

知识目标

1. 熟悉吹风造型的典型手法和技巧。

2. 掌握卷发、直发的造型方法。

3. 掌握九排梳的造型技巧。

技能目标

1. 能在实践中熟练运用吹风的手法和技巧。

2. 能根据发型设计原理和顾客的要求进行发型设计。

3. 在进行卷发、直发造型时,能正确选择和使用工具。

素质目标

1. 具有安全防护意识,在吹风造型过程中做好顾客和自身的防护工作。

2. 工作作风严谨,能认真完成每一次发型设计工作。

3. 善于学习,不断探索学科领域新知识。

任务一　吹风的典型手法和技巧

任务描述

　　小丽想成为一名美发师,要实现这一梦想需要学习的知识有很多,例如怎样让发根蓬松、头发饱满向前、头发饱满向后、头发收紧向前、头发收紧向后,怎样对头发进行螺旋造型、扭转造型、平卷造型等,本部分将讲述相关知识,让我们和小丽一起学习吧!

任务准备

　　1.查询图书、网络资源,通过阅读文字和观看视频等途径学习吹风造型的不同手法和技巧。

　　2.查询图书、网络资源,了解吹风造型中的注意事项。

相关知识

　　不同的头发造型,需要使用不同的吹风手法和技巧,具体造型手法和技巧如下所示。

一、发根蓬松的吹风造型步骤

1.梳理并垂直提拉发片。

图3-1-1 步骤1

2.将滚梳平行置于发片的下面,尽量接近发根。

图3-1-2 步骤2

3.用大拇指按压发片,并适当用力拉紧发片,使头发产生张力。

图3-1-3 步骤3

4.滚梳向外退1厘米,吹风口与头皮平行,与发根垂直,吹风加热发片内侧。

图3-1-4　步骤4

5.吹风口适当倾斜,吹风加热发片的外侧,同时向上提拉发片。

图3-1-5　步骤5

6.边向上提拉发片边转动滚梳,吹出抛物线。

图3-1-6　步骤6

二、饱满向前的吹风造型步骤

该吹风手法常用于脸周围的头发,造型后给人可爱、甜美的视觉体验。

1.将发片梳顺后进行45°提拉(实际操作时根据需要调整发片的角度)。

图3-1-7　步骤1

2.将滚梳横向放在发片下面,发片保持在45°位置,用吹风机从发片上面吹风。吹风过程中,吹风机配合滚梳将发干与发尾送至滚梳内侧。

图3-1-8　步骤2

3.将吹风机置于发片下面,吹风口与发片形成一定角度(实际操作时根据需要调整角度),转动滚梳将发片卷进滚梳中,边滚边加热发片。

图3-1-9 步骤3

4.滚梳平行于发片退至发尾,吹风口在滚梳下面以30°着重加热发尾;再将滚梳从发尾卷至发干,然后平行退出滚梳。效果如下图所示。

图3-1-10 步骤4

5.滚梳螺旋进梳,用冷风定型,然后将滚梳调整直立并退出。定型后的效果如下图所示。

图3-1-11 效果图

三、饱满向后的吹风造型步骤

该吹风手法常用于脸两侧的头发,造型后给人优雅浪漫的视觉体验。

1.将发片梳顺后进行45°提拉(实际操作中根据需要调整发片的角度)。

图3-1-12　步骤1

2.将滚梳向前倾斜45°放置于发片的下面,吹风机的吹风口与发片约成30°(实际操作时根据需要调整角度),吹风加热发片外侧。

图3-1-13　步骤2

3.吹风机配合滚梳将发干与发尾送进滚梳。

图3-1-14　步骤3

4.用滚梳卷好发片后,再用吹风机加热发片的内侧。

图3-1-15　步骤4

5.滚梳平行于发片退至发尾,吹风口在滚梳下面以与发片约成30°的角度着重加热发尾;再将滚梳从发尾卷至发干,吹风加热发片。

图3-1-16　步骤5

6.滚梳螺旋进梳,用冷风定型,然后将滚梳调整直立并退出头发。定型后的效果如下图所示。

图3-1-17　效果图

四、收紧向前的吹风造型步骤

该吹风手法常用于颈侧点的头发，做出的发型可起到修饰脖子和腮骨的作用。

1.将发片梳顺后进行45°提拉(实际操作中可根据需要调整发片的角度)。

2.将滚梳置于发片的上面，并将发片尾部卷在梳子上。

图3-1-18　步骤1　　　　　　　　图3-1-19　步骤2

3.吹风机配合滚梳将发片送入滚梳内。

4.用吹风机加热发片内侧。

5.将滚梳退至发尾，着重加热发尾。

图3-1-20　步骤3　　　　图3-1-21　步骤4　　　　图3-1-22　步骤5

6.滚梳螺旋进梳,从发尾卷至发干后斜向45°退梳,然后用冷风定型。

图3-1-23　步骤6

7.定型后的效果。

图3-1-24　效果图

五、收紧向后的吹风造型步骤

该吹风手法常用于脸部轮廓头发的造型,做出的发型能很好地修饰脸型。

1.将发片梳顺后进行45°提拉(实践中可根据需要调整发片的角度)。

图3-1-25　步骤1

2.将滚梳倾斜置于发片的上面,且与发片一起成45°。

图3-1-26　步骤2

3.吹风机配合滚梳将发片送至滚梳内。

图3-1-27　步骤3

4.加热发片(加热角度根据实际情况来定)。

图3-1-28　步骤4

5.将滚梳退至发尾,着重加热发尾。

图3-1-29　步骤5

6.滚梳再次从发尾卷至发干,并加热发片。

图3-1-30　步骤6

7.滚梳螺旋进梳,从发尾卷至发干
后斜向45°退梳,再用冷风定型。

图3-1-31　步骤7

8.定型后的效果。

图3-1-32　效果图

六、螺旋造型的步骤

需要打造头发的线条纹理时,常用此方法。

1.将发片梳顺后进行45°提拉(实践中可根据需要调整发片的角度)。

图3-1-33　步骤1

2.将滚梳置于发片的上面,与发片一起成45°。

图3-1-34　步骤2

3.吹风机配合滚梳将发片送至滚梳内。

图3-1-35　步骤3

4.滚梳沿着发片向下滚,吹风口顺着头发进行加热。

图3-1-36　步骤4

5.滚梳以螺旋状滚至发尾,着重加热发尾。

图3-1-37　步骤5

6.成型后的效果。

图3-1-38　效果图

七、扭转造型的步骤

发量少时,常用此法进行打理,产生发量增多的效果。

1.取出一个发片,根据需要调整发片的角度。

2.将滚梳置于发片的下面,与发片一起成45°。

图3-1-39　步骤1

图3-1-40　步骤2

3.吹风机配合滚梳将发片送至滚梳内,同时转动滚梳将滚梳调整至直立位置。

4.滚梳直立位并沿着发片向下扭转滑行,吹风口与发片保持一定角度从发干加热至发尾。

图3-1-41　步骤3

图3-1-42　步骤4

5.效果图略。

八、平卷造型的步骤

此法常用于增强头发的卷度和增大横向面,具体步骤如下。

1.将发片梳顺后进行45°提拉(实践中可根据需要调整发片的角度)。

2.滚梳与发片成垂直状,且置于发片下方。

图3-1-43　步骤1

图3-1-44　步骤2

3.吹风机配合滚梳将发尾送至滚梳内,加热发尾。

4.滚梳平行与发片进梳,吹风机沿着发片在滚梳内侧加热。

5.成型后的效果。

图3-1-45　步骤3

图3-1-46　步骤4

图3-1-47　效果图

任务实施

选择吹风的任一手法和技巧,用头模进行吹风造型练习。

任务评价

任务评价卡

	评价内容	分数	自评	他评	教师点评
1	能叙述吹风造型的手法和技巧的种类	10			
2	能熟练运用吹风造型的手法和技巧完成一款发型	10			
3	头发造型的效果能达到标准要求	10			
	综合评价				

任务二　卷发造型技巧的运用

任务描述

　　用电卷棒做的卷发造型多种多样,卷发手法和技巧也有多种。小文是一位美发师,她的卷发技术过硬,很多顾客都喜欢让小文做头发造型。本次学习中,小文将向大家介绍电卷棒卷发类型、特征和技巧。我们跟着小文一起学习吧!

任务准备

　　1.查阅资料,收集发根卷、中间卷等的图片。
　　2.了解以上各种卷发的特点。
　　3.了解以上不同卷发的操作技巧。

相关知识

　　电卷棒卷发类型多样,如发根卷、螺旋卷、中间卷等,打造不同类型的卷发,需要使用不同的手法和技巧。

一、发根卷

　　发根卷的特点:发根立起,发卷之间的距离大,发卷直径与电卷棒直径相近,发卷的卷度很均匀且够大。即使散开发卷,弹性也依然存在。效果如下图所示。

图 3-2-1 效果图(a)　　　　　　图 3-2-2 效果图(b)

卷发根的操作步骤：

1.取一片头发,将其夹进电卷棒里。

图 3-2-3 步骤1

2.拽着发尾将头发在电卷棒上缠绕一圈,然后美发师朝着自己的方向转动电卷棒,把头发缠紧。

图 3-2-4 步骤2

43

3.拽住发尾不要放手,不断重复步骤2的动作,直到将发尾也卷上电卷棒。

图 3-2-5　步骤3

4.将头发卷好后,用电卷棒持续加热,使发卷定型。

图 3-2-6　步骤4

二、螺旋卷

螺旋卷的特点:发根面积较小,发型非常时尚,而且灵动飘逸。效果如下图所示。

图 3-2-7　效果图(a)

图 3-2-8　效果图(b)

螺旋卷的操作步骤：

1.取一片头发,将发片放进电卷棒里。

图3-2-9　步骤1

2.一边开合电卷棒,一边转动电卷棒,从发根处开始将头发卷进电卷棒里,发卷在电卷棒上依次排列。

图3-2-10　步骤2

3.最后将发尾也卷入电卷棒。注意卷发时不要重叠到不同圈数的头发。

图3-2-11　步骤3

45

三、螺旋波浪卷

螺旋波浪卷的特点:借由半拧转发卷来表现波浪的感觉,头发散开后会有纹理较为粗糙的感觉。

图3-2-12 效果图(a)

图3-2-13 效果图(b)

螺旋波浪卷的操作步骤:

1.半拧发尾,用电卷棒从发根开始卷发。

图3-2-14 步骤1

2.一边转动电卷棒一边半拧头发,注意不要重叠到不同圈数的头发。

图3-2-15 步骤2

3.卷至发尾加热定型。

图 3-2-16 步骤 3

四、中间卷

中间卷的特点：由于是从发长的中间开始打卷，所以发根处头发面积并不会增大。效果如下图所示。

图 3-2-17 效果图(a)

图 3-2-18 效果图(b)

中间卷的操作步骤：

1.取一片头发，从发中开始卷。

图3-2-19　步骤1

2.美发师用一只手拽着发尾让头发在电卷棒上缠绕一圈，然后朝着自己的方向转动电卷棒把头发缠紧。

图3-2-20　步骤2

3.拽住发尾不要放手，不断重复步骤2的动作，直到将发尾也卷上电卷棒。注意不要重叠到不同圈数的头发。

图3-2-21　步骤3

4.用电卷棒持续加热，使发卷定型。

图3-2-22　步骤4

五、格子卷

打造格子卷时需要重叠之前卷过的地方,重叠卷之前要用喷雾器在卷过的头发上喷一些水。

发卷在散开前会呈现扁平的波浪状,用梳子梳理后发卷会散开,且变得蓬松,有质感。

图 3-2-23　散开前　　　　　　　　图 3-2-24　散开后

任务实施

选择任何一种卷发手法和技巧,用头模进行卷发造型练习。

任务评价

任务评价卡

	评价内容	分数	自评	他评	教师点评
1	能叙述不同卷发造型的手法和技巧	10			
2	能完成一款卷发的完整操作过程	10			
3	服务质量能达到顾客满意的程度	10			
	综合评价				

任务三 直发造型技巧的运用

任务描述

李女士最近对自己的发型不满意,于是她来到美发店向美发师表达了自己想改变发型的诉求。美发师先观察了李女士的发质状况,发现李女士的头发有点沙发发质且带自然卷,于是决定为李女士设计一款直发造型。

任务准备

1.准备做直发所需要的工具。

2.熟悉做直发的基本手法。

3.熟悉吹风造型的工作环境要求。

相关知识

一、头发造型

头发造型是根据头发形状可改变这一物理变化特征,利用吹风机的风力和热量,以及其他不同的吹风造型工具,运用多种造型方法和手法,使头发在由湿变干的过程中,演绎出完美的造型。头发造型具有较强的技术性、艺术性和实用性。

二、头发造型的方式

头发造型的方式主要有以下三种:

1.吹风机造型:利用吹风机、各种发梳等制作发型。

2.徒手造型:以手指代替发梳与吹风机配合制作发型,使头发产生蓬松且富有动感的效果。

3.卷筒、电卷棒、烘发机造型:利用卷筒、电卷棒、烘发机等制作发型,使头发形成波纹、卷曲的效果。

三、中、长直发吹风造型工具及用品

中、长直发吹风造型的主要工具、用品如下表所示。

表3-3-1 中、长直发吹风造型工具及用品

工具及用品	图示	用途
毛巾		擦干头发等
夹子		固定头发等
宽齿梳		梳通头发、分区等
九排梳		吹风时与吹风机配合使用
发胶		吹风造型后进行发式定型

续表

工具及用品	图示	用途
支架		练习时使用
工具车		放置美发工具、用品等

四、中、长直发吹风造型基本手法

中、长直发吹风造型的基本手法包括顶吹法、拉吹发、滚吹法等,应根据发型需要交替、组合灵活运用各种手法,一般不单独使用。

1.顶吹法

该方法是将梳齿由下向上插入发根,再向上顶发根使其与头皮形成一定的角度,同时用吹风机快速吹风造型,常用于吹发根。该方法的作用是使发根隆起、站立、蓬松。

(a)   (b)

图3-3-1 顶吹法

2.拉吹法

在使用该方法时,将梳齿向上插入发根,小臂和手腕适当用力自发根向发尾方向拉动发梳,且根据发型所需,可略向上抬发梳,将头发拉顺、拉直,同时吹风机配合吹出一定的弧度。该方法常用于吹发干,将发干吹顺直或将卷发吹直,可使头发顺直、富有光泽。

(a)　　　　　　　　　　　　　　(b)

图3-3-2　拉吹法

3.滚吹法

该方法主要用于吹发尾,吹风时用拇指和食指握发梳且以180°～360°滚动发梳,吹风机跟吹,将发尾吹成内扣或外翻形状,可使发尾处发丝光亮、顺滑、服帖、略有弯度。

(a)　　　　　　　　　　　　　　(b)

图3-3-3　滚吹法

五、美发店的工作环境要求

头发造型前,美发师应做好接待顾客的全部准备工作,接待结束后要进行必要的保洁工作。美发店的环境要求主要包括:

1.美发店干净、整齐,通风良好。

2.吹风造型工具、设备摆放整齐,确保功能正常。

3.电源插座通电良好,能正常使用。

4.使用吹风造型工具后及时清洁、归位。

任务实施

根据直发吹风造型的不同手法,用头模进行吹风造型练习。

任务评价

任务评价卡

	评价内容	分数	自评	他评	教师点评
1	能根据直发造型的要求选择工具,用后能做好工具的保洁工作	10			
2	能熟练地运用不同直发造型手法	10			
3	能做好美发店的环境保洁工作	10			
	综合评价				

任务四　　九排梳造型技巧的运用

任务描述

　　大明是美发店的一位助理美发师,工作中经常会用到九排梳,他想系统学习九排梳的使用方法,以便提升自己的专业技能,更好地为顾客服务。本部分内容将会帮助大明更快实现愿望。

任务准备

　　1.通过阅读文字和观看视频等,了解九排梳的用法。
　　2.查询图书、网络资料等,收集用九排梳给头发造型的图片。

相关知识

一、九排梳的作用

　　九排梳一般由橡胶或硬塑料制成,有很强的耐热性,散热较慢,跟头发的摩擦也较大,主要在吹直发、梳理造型时使用,梳后的发丝纹理细腻、柔和。

二、九排梳的握法

　　九排梳的正确握法是用拇指和食指握住梳头与梳柄的连接处,其余手指握住梳柄。吹风时梳齿向上插入头发中,顺着头发的生长方向梳理,通过手指和手腕调节发梳的角度,灵活地转动发梳。

55

 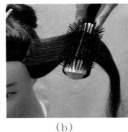  

(a)　　　　　　　　(b)　　　　　　　　(c)　　　　　　　　(d)

图3-4-1　九排梳的握法

三、九排梳的梳发方式

因设计、发质与发位不同,在吹风造型时九排梳的梳发方式也会有所不同。主要梳发方式有以下几种:

1. 下梳发

从头皮开始,沿着头发生长的方向梳,梳子与头皮之间的角度小于90°,发根立起的幅度较小,适合想要缩小头发面积的情况。

图3-4-2　下梳发

2. 中梳发

从头皮开始,沿着头发生长的方向梳,梳子与头皮垂直,梳后的头发面积呈现自然状态。

图3-4-3　中梳发

3.高梳发

从头皮开始,沿着头发生长的方向梳,发梳与头皮之间的角度大于90°,发根立起的角度较大,适合想要增大头发面积的情况。

图3-4-4 高梳发

四、九排梳的典型梳发技巧

下面介绍九排梳的两种典型梳发技巧。

(一)打理出整齐光泽的造型

该操作的要点是造型过程中一边从发根向下梳头发,一边吹发。具体操作步骤如下:

1.梳发根时,梳子与头皮垂直。

2.梳发过程中,梳子逐渐改变方向。

3.将所有头发依照步骤1、步骤2一边梳,一边吹。

图3-4-5 步骤1

(a)

(b)   (c)

图3-4-6 步骤2

（二）加强特色，调整头发面积

该操作的要点是取部分头发，边梳边吹。具体操作步骤如下：

1.梳发根时，梳齿垂直于头皮，用梳齿尖端勾起头发。

2.一边转动梳子一边梳，调整头发立起的幅度。

3.改变梳子方向，将头发向外梳，一直梳到发尾。梳的速度要快。

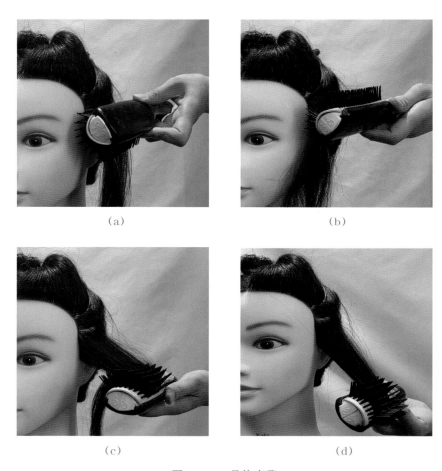

（a）   （b）

（c）   （d）

图3-4-7 具体步骤

任务实施

掌握九排梳的作用和梳发技巧,并用头模练习九排梳的使用方法。

任务评价

任务评价卡

	评价内容	分数	自评	他评	教师点评
1	熟悉九排梳的作用	10			
2	掌握九排梳的梳发技巧	10			
3	能用九排梳制作完美的发型	10			
	综合评价				

模块习题

一、单项选择题

1.(　　)常用于脸周围头发的造型,可产生可爱甜美的效果。

　　A.饱满向前　　　　　　　B.饱满向后

　　C.收紧向前　　　　　　　D.收紧向后

2.(　　)常用于脸两侧头发的造型,可产生优雅浪漫的效果。

　　A.饱满向前　　　　　　　B.饱满向后

　　C.收紧向前　　　　　　　D.收紧向后

3.(　　)常用于脸部轮廓头发的造型,达到修饰脸型的效果。

　　A.饱满向前　　　　　　　B.饱满向后

　　C.收紧向前　　　　　　　D.收紧向后

4.(　　)常用于颈侧点头发的造型,起到修饰脖子和腮骨的作用。

　　A.饱满向前　　　　　　　B.饱满向后

　　C.收紧向前　　　　　　　D.收紧向后

5.(　　)借由半拧转发卷来表现波浪的感觉,头发散开后会有纹理较为粗糙

　　的感觉。

　　A.格子卷　　　　　　　　B.中间卷

　　C.螺旋波浪卷　　　　　　D.螺旋卷

二、判断题

1.中间卷由于是从发长的中间开始打卷,所以发根处头发面积并不会增大。

　　　　　　　　　　　　　　　　　　　　　　　　　　　(　　　)

2.平卷常用于增强头发的卷度,增加横向面。(　　　)

3.螺旋卷常用于制作头发的粗糙纹理。(　　　)

60

4.发根卷,可使发根立起,且发卷之间的距离大,发卷直径与电卷棒直径相近,发卷的卷度很均匀且够大,即使散开发卷,弹性也依然存在。(　　)

三、综合运用题

1.简述吹风的典型手法和技巧。

2.简述卷发、直发的造型方法。

3.简述九排梳的握法。

阳光就容易变得干枯,严重的还可能发黄、分叉,脆弱易断,因此应特别注意使用具有保湿滋润作用的护发素。

6.油性头发

油性头发刚洗完的时候,给人以神清气爽的感觉,但在紫外线的照射下,与汗水混合后容易变得油腻。洗发时应选择控油、爽发的护发素,以便让头发长时间保持干爽和舒适。

7.脆弱发质头发

这种头发因为极度缺乏营养、免疫力差,导致弹性丧失,脆弱易断,所以最好选用富含营养成分的护发素来护理。

二、内扣发型的特点

1.内扣型中长发:发尾向内弯曲,而且头发有一定的蓬松度,可以表现出柔美感。如果搭配内扣刘海,可打造完美的小脸效果,灵动不呆板。

2.内扣型短发:发尾向内弯曲,而且头发有一定的蓬松度,给人大方知性的感觉。

三、内扣发型的操作步骤

1.左右侧

以左侧为例,右手拿梳子,左手拿吹风机,从发根处开始缓缓地用梳子往上拉提头发,边提拉边吹风,将发干吹顺且将发尾向内卷。右侧处理方法相同。

(a)

(b)

(c)

图4-1-1　步骤1

2. 左前侧

斜向取发片,将发根缓缓向上提拉,边提拉边吹风,将发片整体向前吹。右前侧处理方法相同。

图4-1-2　步骤2

3. 刘海

首先将连接刘海及侧边的发片的发根往上提拉,将发尾横向吹正,再以相同的方法吹好刘海。

图4-1-3　步骤3

4. 右后侧

首先梳理左右两侧头发使之对称,然后以右后侧为例,左手拿梳子,右手拿吹风机,边吹风边缓慢向上拉提发片。

图4-1-4　步骤4

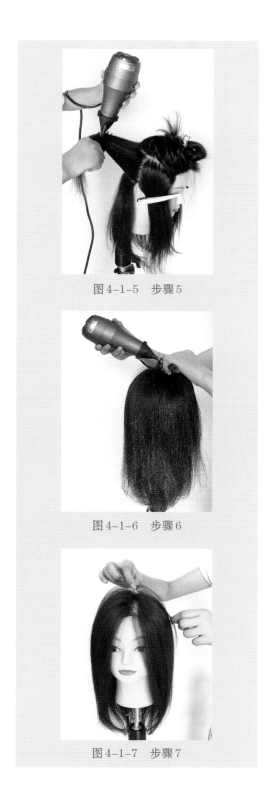

图4-1-5　步骤5

图4-1-6　步骤6

图4-1-7　步骤7

5.后脑勺

换右手拿梳子,左手拿吹风机,同样缓缓地拉提发片,边提拉边吹风。

6.头顶

头顶是最需要发量感的地方,提拉发根,吹风机正对发片吹风。

7.整理

最后,用手调整出整体的透气感和蓬松感。

69

任务实施

根据发质选择不同的洗发、护发产品进行洗护,然后进行内扣发型的操作练习。

任务评价

任务评价卡

	评价内容	分数	自评	他评	教师点评
1	能判断不同发质	10			
2	能叙述不同发质应使用的洗护产品	10			
3	熟悉内扣造型的操作步骤	10			
	综合评价				

任务二　大花造型

任务描述

美发师为顾客修剪了一款有层次的长发,并按照卷发造型的要求及操作规范、工作流程,利用吹风机、滚梳等,采用翻卷、旋转等吹风基本手法做大花,最终完成了卷曲、蓬松的大花造型,为顾客提供了满意的服务。本部分将介绍大花造型相关知识。

任务准备

1.了解大花造型的设计要领。

2.熟悉大花造型的必备工具。

3.熟悉大花造型操作流程和操作规范 。

相关知识

头发卷曲是指一束头发形成相对凝聚的形状。做大花造型的目的是形成波浪发卷,塑造发量感,并使发尾处产生动感。大花造型主要是通过平面卷曲完成的,如图所示。

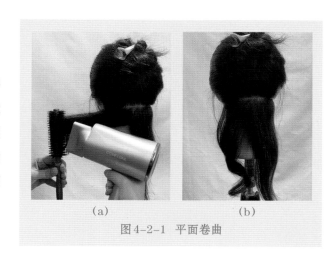

(a)　　　　　　　(b)

图4-2-1　平面卷曲

71

一、吹大花的主要工具

吹大花的主要工具是滚梳,梳齿的材料一般是猪毛、塑料等,特点是聚热、散热功能强。梳子的圆形形状和材质的特点,配合吹风机很容易将头发做成卷曲状,使头发产生流向感、动感,且富有弹性和光泽。进行吹风时,要根据头发的长度和所要求的大花的卷曲度选用滚梳。

1.滚梳的种类

滚梳大概分为三种:塑料滚梳、鬃毛滚梳和金属滚梳。

图4-2-2　塑料滚梳

图4-2-3　鬃毛滚梳

图4-2-4　金属滚梳

2.滚梳的握法

滚梳的正确握法是用拇指和食指握住梳头与梳柄的连接处,其他手指握住梳柄。

图4-2-5　滚梳的握法

二、大花造型的吹风方法

1. 翻吹法

该方法是将滚梳放在一束头发的上面,一边用手指转动滚梳将头发做180°~360°向外向上翻转,一边用吹风机吹风,使发尾形成向外向上的弧度。

图4-2-6　翻吹法

2. 旋转法

该方法是将滚梳放在一束头发的侧面,一边用手转动滚梳带动头发做360°旋转,一边用吹风机吹风,使头发产生卷曲度和弹性。

图4-2-7　旋转法

73

3. 卷吹法

该方法是由发尾开始将头发卷绕在滚梳上，至所设计的卷度位置，同时用吹风机吹风使头发卷曲。

(a) (b)

图4-2-8　卷吹法

三、旋转的圈数与卷度的关系

在进行卷发造型时，根据发型的设计理念不同，头发的卷度要求会有所不同。头发的卷度与头发卷在发梳上的圈数有密切关系。以下介绍三种不同卷度的发卷：

C形卷：头发在滚梳上卷一圈半会呈现C形卷的效果。

S形卷：头发在滚梳上卷三圈会呈现S形卷的效果。

螺旋卷：头发在滚梳上卷三圈以上会呈现连环S形卷，即螺旋卷。

图4-2-9　C形卷　　　　图4-2-10　S形卷　　　　图4-2-11　螺旋卷

四、大花造型的梳理技巧

1.用抖动的方法使发尾散开,呈现大花的形状。具体方法为:左手抓住发尾,右手拿梳子将所有头发依次从前向后、从发根向发尾梳理,梳至左手握发尾的位置时充分将发尾梳顺;左手轻轻握住发尾进行抖动,使梳开的发卷回弹形成大花。

(a)　　　　　　　　　　　　　(b)

图4-2-12　抖大花

2.用挑的方法使发尾散开,呈现大花的形状。具体方法为:将头发全部梳顺,用梳齿的尖端或尖尾梳的尾部将卷曲的发尾向外挑开,使发尾散开形成大花。

图4-2-13　挑大花

五、吹大花的步骤

1.分区,如图所示。

图4-2-14
步骤1

2.水平握住滚梳,运用顶梳法将发根吹蓬松,然后拉吹发干,再用卷吹法将发尾吹顺。

图4-2-15
步骤2

3.采用卷吹法将发束吹卷曲,进行冷风定型或自然冷却定型,然后再将头发从滚梳上慢慢退出,形成卷。

图4-2-16
步骤3

4.后区的每一层分若干发片,用与步骤3相同的方法吹风造型直至头顶。可分别向左右吹发卷,不要都向同一个方向吹。

图4-2-17
步骤4

图 4-2-18
步骤 5

图 4-2-19
步骤 6

图 4-2-20
步骤 7

图 4-2-21
步骤 8

5.将左耳上头发分若干发片,用顶吹法、拉吹法将发片吹顺,再用卷吹法将头发吹卷。

6.右侧区的处理方法与左侧区相同。左右两侧发卷的方向要对称,高度要一致。

7.将刘海部分分发片,用顶吹法将发根吹蓬松,再用拉吹法将发干吹顺,然后用卷吹法吹出发卷。

8.按照刘海区的设计要求,再用翻吹法将其吹成侧翻 S 形卷。

9.将头发抓在手里,用梳子从前向后将发卷梳开。

图4-2-22
步骤9

10.把头发散开,用梳齿尖或发梳的尖尾把发尾理顺,使其呈现自然的卷度和弹性,形成花的形状。

图4-2-23
步骤10

11.按照吹风造型时的方向用发梳和吹风机将刘海整理整齐。

图4-2-24
步骤11

12.将发型打理整齐后,喷定型剂定型。

图4-2-25
步骤12

六、大花造型的质量标准

1. 整体上卷曲度协调,造型柔和自然。

2. 顶部头发蓬松饱满。

3. 头发卷曲的方向不能太单一,卷曲度要适中。

4. 两侧发卷的走向要对称。

5. 发丝要有光泽,不焦、不毛糙。

任务实施

根据吹大花的规范要求,完成一款吹大花造型。

任务评价

任务评价卡

	评价内容	分数	自评	他评	教师点评
1	能选择吹大花的工具	10			
2	熟悉吹大花的技巧	10			
3	能按吹大花造型的操作步骤,熟练地完成一款大花发型	10			
	综合评价				

任务三　手吹花造型

任务描述

王女士看到好朋友李姐的手吹花发型很漂亮,于是便来到美发店,希望美发师给她也做一个和李姐一样的发型。美发师认为王女士的发质适合做手吹花发型,但是根据她个人的气质特征,发型不能与李女士的完全一样。王女士同意美发师的建议,最终享受到了满意的服务。

任务准备

1.查阅资料,了解手吹花造型的特点。

2.查阅资料或者请教专业老师,了解手吹花造型的技巧。

3.准备手吹花造型所需要的用具。

相关知识

一、手吹花介绍

受长度和造型的限制,手吹花发型只能做两个起伏明显的波浪,也称S弯。S弯以180°起伏,形成圈状,卷筒的直径决定弯路的深浅,卷筒的排列决定弯路的方向,卷筒的质量决定打弯是否成功。

二、手吹花造型步骤

1.首先将头发分成前后两个区,又沿中心线将后区头发分成左右两部分,用手向左拧转左侧头发,用吹风机吹风定型。受到发旋的影响,左右的发卷不同,可用手扭转头发,调整卷度。

　　2.用手扶着扭转的发卷,边吹风边调整卷度。

图 4-3-1　步骤 1

图 4-3-2　步骤 2

　　3.将右边头发向右扭转,也用手扶着扭转的发卷,边吹风边调整卷度。

　　4.放下前区的头发,用手心扶着扭转的发卷,从上往下吹风调整卷度。要求完成的发型左右对称。

图 4-3-3　步骤 3

图 4-3-4　步骤 4

任务实施

根据手吹花的操作规范,完成一款手吹花造型。

任务评价

任务评价卡

	评价内容	分数	自评	他评	教师点评
1	能选择手吹花造型所需要的工具	10			
2	能熟练地运用手吹花造型技巧	10			
3	能熟练地完成一款手吹花造型	10			
	综合评价				

任务四　波纹造型

任务描述

　　美琪是一位助理美发师,在来到美发店之后她已经学习了很多吹风造型的理论知识和操作技巧。昨天,店里的技术骨干李帅为顾客做了一款波纹造型的头发,发型很漂亮,顾客很满意。她很羡慕李帅的技术,也想系统地学习波纹造型的相关知识和技能。本部分内容能满足美琪的学习需求。

任务准备

　　1.查询资料并了解波纹造型所需要的工具。

　　2.收集波纹造型的图片。

　　3.了解波纹造型的操作步骤和要点。

相关知识

一、波纹造型所需要的工具和用品

表4-4-1　波纹造型的工具和用品

工具和用品	图示	用途
毛巾		主要用于擦干头发,也可围在颈部起到保护衣服不被弄湿的作用

续表

工具和用品	图示	用途
吹风机	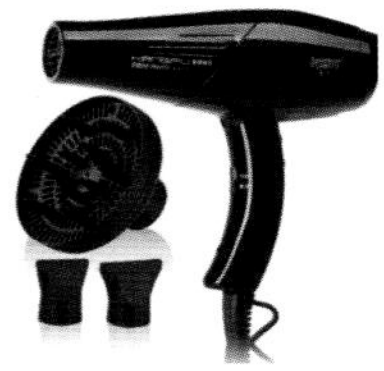	吹造型、定型
夹子	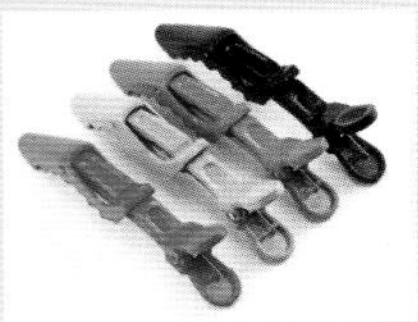	固定头发
喷壶		理发、吹风等时喷水,使头发保持湿润
宽齿梳		梳通头发,梳理波纹
尖尾梳		梳理头发、分区、挑发片
气垫梳		梳理头发
卷筒		将头发卷在卷筒上,吹干后可形成有弹性的发卷

续表

工具和用品	图示	用途
小夹子		固定卷筒、头发
发网	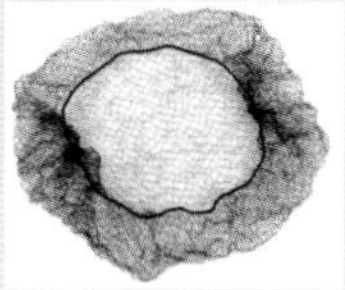	包裹住上了卷筒的头发，避免用烘发机加热时，风将头发吹乱，影响发丝的光滑度
烘发机		将卷好的头发迅速吹干，使头发能够依据卷筒的大小形成有弹性和卷曲度的发卷
发胶		造型后进行发式定型
发油		拆卷后，取少量涂抹于发干、发尾，可滋润被烘发机吹干的头发，使头发有光泽度、不毛躁
工具车	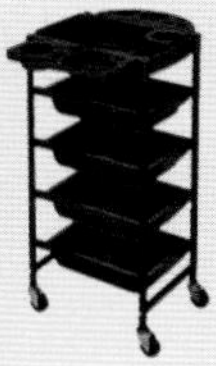	放置美发工具、用品等
支架		练习时使用

85

二、卷筒的种类

卷筒,又称大卷,是一种卷发工具,种类繁多。将发片卷在卷筒上固定、加热、冷却,然后拆去卷筒、整理头发,可形成波纹状。

表4-4-2　卷筒的种类

名称	图示	特点
海绵卷筒		方便个人在家卷发
卡扣塑料卷筒		用它卷好头发后直接扣住卡扣即可,使用方便。但不足之处是卡扣易在头发上留下压痕,影响发根的站立效果
自粘塑料卷筒		优点是使用方便,因其外面附有一层软软的毛刺,可自行挂住头发,不需要任何固定工具。缺点是卷后的发卷较松散、弹性小
传统塑料卷筒		使用时需要用卡子进行固定,可使头发紧紧地卷在其上,卷后发卷弹性较好,能很好地体现卷筒的曲度。不足之处是为了增加卷筒与头发的摩擦性,卷筒上有很多短刺,如果操作不熟练,非常容易将头发缠在卷筒上不易拆下来

3.砌砖排卷法

（1）头发分区，如下图所示。

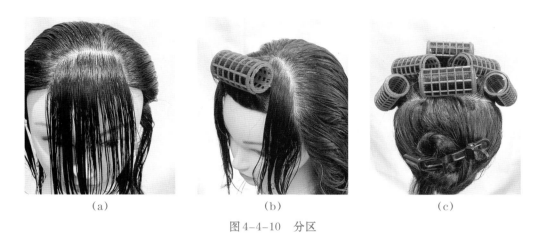

（a）　　　　　　　　（b）　　　　　　　　（c）

图4-4-10　分区

（2）发卷排列，如下图所示。

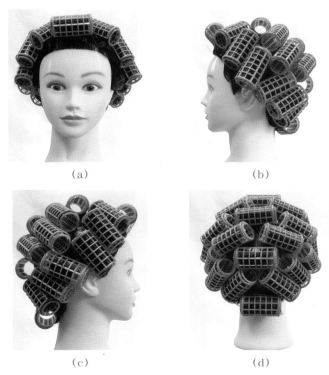

（a）　　　　　　　　　　（b）

（c）　　　　　　　　　　（d）

图4-4-11　排卷

4.之字形排卷法

（1）头发分区，如下图所示。

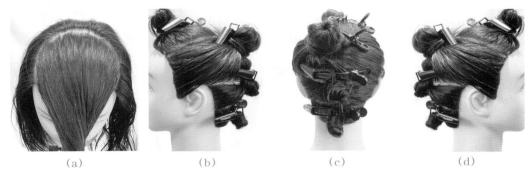

    （a）   （b）   （c）   （d）

图4-4-12 分区

（2）发卷排列，如下图所示。

    （a）   （b）

    （c）   （d）

图4-4-13 排卷

五、女士波纹卷的操作步骤

1.根据设计要求分出方形刘海区，梳理整齐后进行固定。

2.按照一个卷筒的宽度沿微弧线从刘海分区线到耳后分出左侧发区，梳理整齐后进行固定。

图4-4-14　步骤1

图4-4-15　步骤2

3.右侧分区方法同左侧，要求左右对称。

4.剩下的头发为后发区。

图4-4-16　步骤3

图4-4-17　步骤4

5.刘海区卷筒。沿着与发际线垂直的方向将刘海区分成左右两个发片,并列卷两个卷筒。只演示一个。

图4-4-18　步骤5

6.侧发区卷筒。在侧发区,沿着与发际线垂直的方向挑发片、卷卷筒,根据侧发区的设计要求将卷筒排列成扇形。两侧的操作方法相同,左右对称。只演示一侧。

图4-4-19　步骤6

7.后发区卷筒。后发区采用砌砖排卷法卷筒,第一排是从后发区顶部取一个发片上卷筒。

图4-4-20　步骤7

8.第二排与第一排错位上两个卷筒,第三排与第二排错位上三个卷筒(这时第三排中间的卷筒与第一排的一个卷筒上下对齐),第四排卷四个卷筒,依次往下,最终形成1—2—3—4—3—2的结构。

图4-4-21　步骤8

9.卷完卷筒后要用发网将发卷包住(图示略)。

10.用烘发机将头发吹干定型(图示略)。具体要求为:打开开关,将温度调至40℃~45℃,烘干时间设为15~25分钟。

11.烘发时间结束,检查头发的干湿情况。确认头发干透后,待头发冷却,然后顺着头发缠绕的方向,轻柔地拆卷筒。

12.梳理发卷前可喷上少量发油,滋润头发。

图4-4-22　步骤11

图4-4-23　步骤12

13. 一只手抓住发尾,另一只手用九排刷或气垫刷,从上到下梳开发卷。

图4-4-24　步骤13

14. 抓住发尾轻轻抖动梳通的头发,头发轻微回弹,形成S形。

图4-4-25　步骤14

15. 左手拿宽齿梳,右手拿九排梳或气垫梳按发卷的纹路梳理全部头发。

图4-4-26　步骤15

16. 根据设计要求,用九排梳推起刘海发根,将其吹蓬松。

图4-4-27　步骤16

17. 用吹风机吹小风, 要求顺着发卷的纹理进行吹风, 不能破坏纹理, 发尾要向内收紧, 不可吹散。

图4-4-28　步骤17

18. 吹风、梳理完成后, 喷发胶定型。

图4-4-29　步骤18

六、做卷前应考虑的因素

1. 头发的长度

(1) 长发做大波纹时, 可选用中号卷筒; 做小波纹时, 可选用较小的卷筒。

(2) 短发做波纹时, 一般选用较小的卷筒。

2. 头发的卷曲度

(1) 卷曲的头发做波纹时, 选用较大的卷筒, 可使头发波纹自然整齐。

(2) 直发做波纹时, 选用较小的卷筒, 可制作出较多的发卷, 卷度保持的时间相对较长。

3. 头发的弹性

(1) 头发弹性好, 可选用稍大的卷筒。

(2) 头发弹性不好, 应选用较小的卷筒, 以增加发卷的弹性。

4.头发的数量

(1)发量多的,可选用较大的卷筒,避免做卷后头发过度蓬松。

(2)发量少的,可选用较小的卷筒,以保证做后的头发蓬松感强。

任务实施

根据波纹造型的方法和技巧,完成一款长发波纹造型。

任务评价

任务评价卡

	评价内容	分数	自评	他评	教师点评
1	能正确选择波纹造型的工具	10			
2	熟练掌握波纹造型的技巧	10			
3	能熟练地、独立地完成一款波纹造型	10			
	综合评价				

任务五 电卷棒造型

任务描述

张女士最近想改变一下自己的发型,她告诉美发师自己的初步设想,即新做的发型要把自己衬托得精神饱满、落落大方。根据张女士的要求,美发师经过分析发质、发长和脸型等,决定利用电卷棒为张女士做一款卷发造型。

任务准备

1.认识电卷棒的构造、作用。

2.了解电卷棒的分类,能区分电卷棒的不同使用要求。

3.了解电卷棒的操作流程和使用技巧。

相关知识

一、电卷棒造型的辅助工具和用品

表4-5-1 电卷棒造型的辅助工具和用品

辅助工具和用品	图示	用途
夹子		固定头发

续表

辅助工具和用品	图示	用途
尖尾梳		梳理头发、分区、挑发片
电卷棒		使头发变得卷曲。不同粗细、不同形状的电卷棒,可以卷出不同形状的发卷
吹风机		加热、吹干头发,给头发定型
气垫梳		梳通和整理头发
工具车		放置美发工具、用品等
饰发用品		造型后进行发式固定

二、初识电卷棒

电卷棒是一种能把头发烫卷的手持式快速造型电子美发工具,它的主要部件有:一个带微电脑温度调控板的手柄和一个由金属或陶瓷材料制成的经通电后能发热的电热棒。通过控制温度,电热棒可以升温至120℃~220℃。

电卷棒分可调温和不可调温两种。用可调温的电卷棒,美发师可针对不同的发质选择适合的温度进行卷发,能更好地保护头发。用电卷棒可以打造出各种发卷,如大波浪卷、下垂自然卷、内扣式卷、外翻式卷等。

三、电卷棒的种类

电卷棒的种类非常多,常用的有以下几款,美发师可根据不同发型的要求选择合适的电卷棒。

表4-5-2　电卷棒的种类

种类	图示	特点
陶瓷电卷棒		升温速度快,约用1分钟温度就可以达到200℃,不易产生静电,对头发伤害相对较小
金属电卷棒		升温速度快,容易损伤头发
蒸汽电卷棒		使用时会冒出蒸汽,不易损伤头发,卷度自然。价格较高。应特别注意:卷发时,电卷棒与头皮保持一定距离,避免烫伤头皮

续表

种类	图示	特点
多功能电卷棒	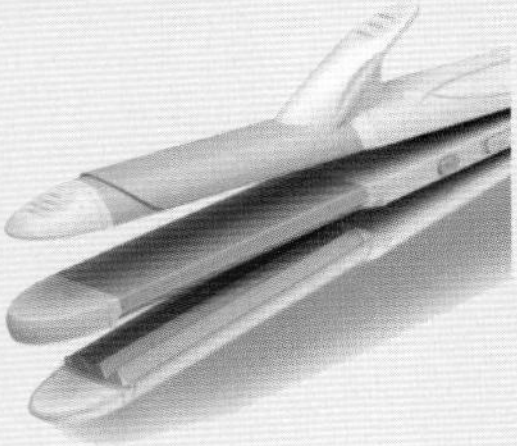	利用吹风机的原理,边吹风边卷发,可干湿两用
锥形电卷棒		可以卷出上下不同卷曲度的发卷,发型变化多样
三棒电卷棒	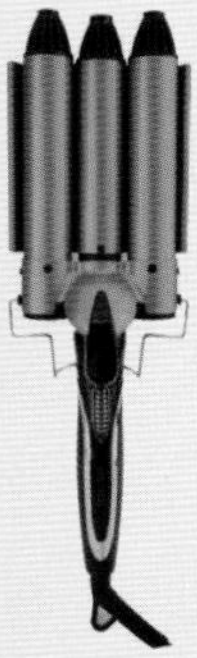	虽然看起来笨重但操作简单,传统的电卷棒需要手动卷发,而这款电卷棒只需要把头发放在它的上面,停留几秒钟后直发就可以变为波纹状卷发
自动电卷棒		将一束头发的发尾放在卷发器的凹槽里,按动卷发开关,头发会自动卷入卷发器,加热后会形成发卷

四、电卷棒的使用要点

1.卷发温度

温度对卷发效果影响很大,卷发时要依照发质调节温度,以减少高温对头发的损害。细软且容易造型的发质,一般用125℃～140℃的温度;普通发质或经过烫染的头发,用140℃～160℃的温度;粗硬或自然卷等不易造型的头发需要160℃～180℃或更高的温度。温度越高造型力越强,但也更容易损伤头发,因此操作时,最好从低温开始试起,根据卷发效果再慢慢调节温度。

2.卷发位置

电卷棒如果从发尾开始卷,发尾受热时间会比发干长,发尾就会很卷、不自然,而发根附近的发卷会比较柔和,因此会产生整束头发卷度不一致的情况。同时又由于发尾发量较少,头发会紧贴着电卷棒受热,越向上卷,电卷棒上的头发会越来越厚,外层头发不易受热,导致整束头发受热不均匀、发卷卷度不均匀,所以长发最好从发根部位开始卷。

3.卷发时间

卷发时除了要选择好温度、位置,时间的控制也很重要。电卷棒在头发上的停留时间一般为5~10秒。若试卷后卷度不明显,可以适当延长时间。头发长时间缠绕在电卷棒上,会造成头发失去水分,变得毛糙易断裂、分叉。

五、电卷棒卷发造型的种类

1.向内卷发

使用电卷棒向内卷发,会使得发干向外鼓起,头发整体看上去蓬松、饱满、发量多、立体感强,适用于头发比较少的人群。

向内卷发的操作步骤如下:

（1）先横向分区，再纵向分发片，将发片提升90°，用尖尾梳梳顺。

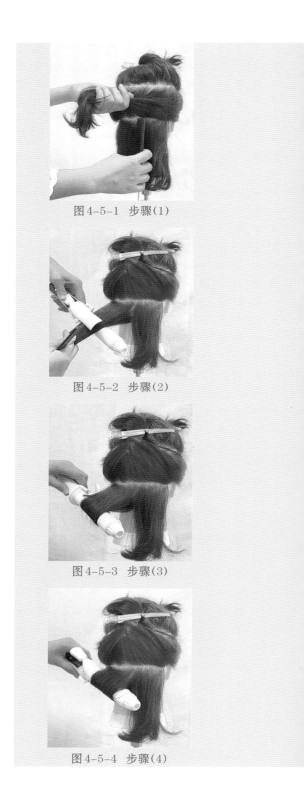

图4-5-1　步骤（1）

（2）用一只手的食指和中指夹住发片尾部，另一只手持电卷棒，用张开的电卷棒夹口夹紧发片（发夹在上，电热棒在下）。

图4-5-2　步骤（2）

（3）旋转电卷棒，带紧头发，由发根向发尾慢慢熨烫。

图4-5-3　步骤（3）

（4）从发尾开始慢慢向内卷，由下向上卷至发根处，停留5秒左右。如果需要电卷棒特别贴近头皮，可在发根部位垫上木梳，以防烫伤头皮。

图4-5-4　步骤（4）

图4-5-5　步骤(5)

（5）松开头发,向内卷发效果形成。

2.向外卷发

使用电卷棒向外卷发,会出现发尾向外翻翘的效果,发型整体展现出一种俏皮感。

向外卷发的操作步骤如下:

（1）先横向分区,再纵向分发片,用尖尾梳梳顺头发。

图4-5-6　步骤(1)

图4-5-7　步骤(2)

（2）用一只手的食指和中指夹住发片尾部,另一只手持电卷棒,用大拇指压开棒夹,然后夹紧发片(发夹在下,电热棒在上)。

图4-5-8　步骤(3)

（3）旋转电卷棒,带紧头发,由发根向发尾慢慢熨烫。

（4）从发尾开始慢慢向外卷，由下至上卷至发干需要翻卷的位置，停留5秒左右。

（5）松开头发，向外卷发效果形成。

图4-5-9　步骤（4）

图4-5-10　步骤（5）

3.螺旋卷发

该方法适用于长发，卷曲的形状不同，可塑造浪漫、优雅、柔美等形象。

螺旋卷发的操作步骤如下：

（1）先横向分区，再纵向分发片，将发片提升45°，用一只手的食指、中指捏住发片的尾部，另一只手持电卷棒，用大拇指打开棒夹，竖向夹紧靠近发根的发片。

（2）手抓发尾向电热棒上缠绕发片，直至缠完发尾，夹紧发夹，停留5秒左右。

图4-5-11　步骤（1）

图4-5-12　步骤（2）

（3）松开头发,螺旋卷发效果形成。

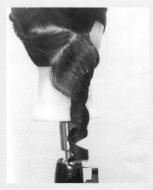

图4-5-13　步骤(3)

4.S形卷发

S形卷发能体现女性的柔美感。虽然用吹风技巧也可以做S形卷,但使用电卷棒做的S形卷,维持的时间更长,而且看起来更自然。

S形卷发的操作步骤如下:

(1)先横向分区,再纵向分发片,用尖尾梳梳顺发片。

图4-5-14　步骤(1)

(2)用电卷棒由发根经发干至发尾熨烫一遍,制造出头发的蓬松感。

图4-5-15　步骤(2)

（3）将电卷棒倾斜摆在发干处（电卷棒在头发下面），旋转电卷棒，让头发在电卷棒上缠绕两圈，等候5秒，放开头发。

（4）将电卷棒摆在刚做好的发卷的下方（指从发根向发尾方向），继续做S形卷，直至发尾。

（5）松开头发，S形卷发效果形成。

图4-5-16　步骤（3）　　　　图4-5-17　步骤（4）　　　　图4-5-18　步骤（5）

六、电卷棒卷发造型的操作步骤

（1）吹干头发并分区。横向分区，将所有头发从前向后分4个区，每个区不可过宽或过窄（也可根据发型需要分区）。

（2）从最低区开始，竖向分发片，采用螺旋卷发方法卷发片。

图4-5-19　步骤（1）　　　　　　　图4-5-20　步骤（2）

（3）用相同的方法逐区分发片卷发。卷两侧头发时,方向应一致。

（a）　　　　　　　　　　　　（b）

图4-5-21　步骤(3)

（4）卷好后,将发卷打散,喷少许发油,用手指将发根梳顺,按照卷发的方向将发卷整理整齐。

（5）喷发胶定型。

图4-5-22　步骤(4)　　　　　　　　图4-5-23　步骤(5)

七、电卷棒卷发造型的质量标准

1.发尾柔顺,无折痕和毛糙。

2.发卷纹理整齐、有光泽、弹性好、形状好。

3.发卷的流向不能太单一,卷曲度要适中。

4.两侧发卷要对称。

八、电卷棒的安全使用要求

1.使用电卷棒时,要先插上电源再打开开关,避免通电的瞬间温度过高而烧坏电卷棒。电卷棒在不使用时,应放置于干燥处,远离易燃物品。

2.应避免在浴室等潮湿的地方使用电卷棒,平时应将其放在干燥的地方。

3.若电卷棒的电源插头有损坏,应停止使用,并及时修理更换。

4.如果电卷棒因跌撞等而损坏,应在修复后才使用。应定期做好电卷棒的维护保养工作。

5.由于电热元器件在加热过程中容易使绝缘材料老化,因此应经常检查并确保电卷棒绝缘良好。

6.用电卷棒卷发时,通常要在头发上停留5~10秒以便加热头发使其定型,但要避免长时间停留,尽量不超过15秒。

九、电卷棒的选择

1.挑选电卷棒时,一定要选择正规厂家生产的产品。凡包装盒上没有注明厂家地址、认证标志及商标的产品,不能购买。

2.购买电卷棒时,最好选择陶瓷材质的。陶瓷电卷棒表面一般喷有陶瓷釉,陶瓷釉的质量决定使用寿命及卷发效果。好的陶瓷釉表面光滑,没有涩手的感觉。若表面是电镀的,则附着力不如喷陶瓷釉的好,不推荐使用。

3.在使用新购买的电卷棒之前,应仔细阅读使用说明书。

4.要按头发样式选择电卷棒的尺寸:

卷刘海:电卷棒直径19~20厘米。

中波浪卷:电卷棒直径25~28厘米。

大波浪卷:电卷棒直径32~38厘米。

任务实施

根据设计要求,正确应用电卷棒造型的手法和技巧,完成一款电卷棒长发造型。

任务评价

任务评价卡

	评价内容	分数	自评	他评	教师点评
1	能根据头发造型的要求选择合适的电卷棒及辅助工具	10			
2	能正确运用电卷棒造型技巧	10			
3	能熟练地完成一款电卷棒造型	10			
	综合评价				

模块习题

一、单项选择题

1.头发的油性程度是由皮脂腺分泌油脂的多少决定的,头发根据油性程度分为
  (　　)。
  A.好、中、坏　　　　　　B.中性发质、油性发质和干性发质
  C.不同种类　　　　　　　D.沙发、卷发、油发

2.(　　)头发有直也有弯,湿度平衡,具有健康的外观;发质柔顺,充满光泽;不
  油腻亦不干燥,软硬适度。
  A.正常　　　　　　　　　B.中性发质
  C.干性发质　　　　　　　D.脆弱发质

3.(　　)刚洗好的时候给人以神清气爽的感觉,但在紫外线的照射下,与汗水混
  合的发丝很油腻。
  A.中性发质　　　　　　　B.油性发质
  C.脆弱发质　　　　　　　D.弹力差发质

4.S形卷是头发要在滚刷上卷(　　)圈才会呈现S形的效果。
  A.四　　　　　　　　　　B.三
  C.二　　　　　　　　　　D.一

5.通过控制温度,电卷棒可以升温至(　　)。
  A.60℃~220℃　　　　　　B.90℃~240℃
  C.120℃~220℃　　　　　　D.120℃~240℃

二、判断题

1.判断发质的好坏,一般有两个标准:一是头发的粗细、软硬及弹性情况;二是头
  发的油性程度。(　　)

2.干性发质的特点是卷曲而质硬,缺乏水分,外观干枯,容易打结,梳理不顺畅, 发尾常有磨损现象。(　　　)

3.内扣发型的特点是发尾向内弯曲,而且头发有一定的蓬松度。(　　　)

4.电卷棒是一种用来把头发烫卷的手持式快速造型电子美发工具,它的主要部 件是:一个带微电脑温度调控板的手柄和一个由金属或陶瓷材料制成的经通 电后能发热的电热棒。(　　　)

三、综合运用题

1.根据油性程度不同,头发可分为哪几种,它们的特点分别是什么?

2.吹大花的质量标准是什么?